BEI GRIN MACHT SICH IHR WISSEN BEZAHLT

- Wir veröffentlichen Ihre Hausarbeit,
  Bachelor- und Masterarbeit

- Ihr eigenes eBook und Buch -
  weltweit in allen wichtigen Shops

- Verdienen Sie an jedem Verkauf

Jetzt bei www.GRIN.com hochladen
und kostenlos publizieren

Timmy Schwarz

Wassermanagement und Wasserbelastung in China

GRIN Verlag

Bibliografische Information der Deutschen Nationalbibliothek:

Die Deutsche Bibliothek verzeichnet diese Publikation in der Deutschen National-
bibliografie; detaillierte bibliografische Daten sind im Internet über http://dnb.d-
nb.de/ abrufbar.

Impressum:

Copyright © 2009 GRIN Verlag GmbH
Druck und Bindung: Books on Demand GmbH, Norderstedt Germany
ISBN: 978-3-640-71738-5

Dieses Buch bei GRIN:

http://www.grin.com/de/e-book/158158/wassermanagement-und-wasserbelastung-
in-china

GRIN - Your knowledge has value

Der GRIN Verlag publiziert seit 1998 wissenschaftliche Arbeiten von Studenten, Hochschullehrern und anderen Akademikern als eBook und gedrucktes Buch. Die Verlagswebsite www.grin.com ist die ideale Plattform zur Veröffentlichung von Hausarbeiten, Abschlussarbeiten, wissenschaftlichen Aufsätzen, Dissertationen und Fachbüchern.

Besuchen Sie uns im Internet:

http://www.grin.com/

http://www.facebook.com/grincom

http://www.twitter.com/grin_com

Universität Bremen FB 08   SoSe 2009
Institut für Geographie

Seminar: Physische Geographie und Umweltprobleme in der VR China

Leitung:

Dr. rer. nat.

Wassermanagement und Wasserbelastung

Hausarbeit

vorgelegt von:

Timmy Schwarz
Studiengang: Geographie (B.Sc.)

Abgabedatum: 06.08.2009

Inhalt

1 Einleitung

Nicht erst seit den Olympischen Spielen 2008 in Peking ist China als Land der Superlative bekannt. Das bevölkerungsreichste Land der Erde ist der flächengrößte Staat in Ostasien und spielt weltweit auch eine wirtschaftlich sehr bedeutende Rolle. Dabei sind die enormen Wachstumsraten auf vielen Gebieten auch mit entsprechend großen Problemen und Herausforderungen verbunden, welche schnell auch globale Auswirkungen haben. In der nachfolgenden Arbeit soll Chinas Ressource „Wasser" und der Umgang damit näher beleuchtet werden.

2 Wassermanagement und Wasserbelastung

Wie überall auf der Erde, ist auch in China für die Menschen der Zugang zu sauberem Trinkwasser besonders wichtig. Zunächst sollen anhand von ausgewähltem Kartenmaterial die Verfügbarkeit von Wasser, die Bevölkerungsverteilung und die daraus resultierenden Probleme aufgezeigt werden.

2.1 Situation

China gehört zu den Niederschlagsreichsten Ländern der Erde. Auf dem Territorium der Volksrepublik (VR) gibt es die viertgrößten erneuerbaren Wasserressourcen weltweit. Gleichzeitig ist China jedoch auch eines der trockensten Länder der Welt (KLEINING, 2008). Dieser extreme Gegensatz lässt sich durch die Verteilung der Niederschläge und die Verläufe der Flüsse erklären: Nördliche Landesteile sind semi-aride Zonen, zudem gab es zuletzt eine zehnjährige Trockenperiode, wodurch die Desertifikation zunahm. Hier werden 70-75% des Bedarfs dem Grundwasser entnommen, wodurch in 30 Jahren die Grundwasserreserven Nordchinas aufgebracht sein werden (KLEINING, 2008).

Im Gegensatz dazu stehen die Gebiete südlich des Jangtse. Sie machen zwar nur ein Drittel der Landesfläche aus, haben aber 80% des Wasseraufkommens. Dieser Überfluss zeigt sich auch in den regelmäßigen Flutkatastrophen, welche in den letzten 100 Jahren ca. 3 Mio. Menschen das Leben kosteten. Wie später noch in Kapitel 2.2 beschrieben, war dies u.a. ein Argument für den Bau des Drei-Schluchten-Staudammes (SAUER, 1999; KLEINING, 2008).

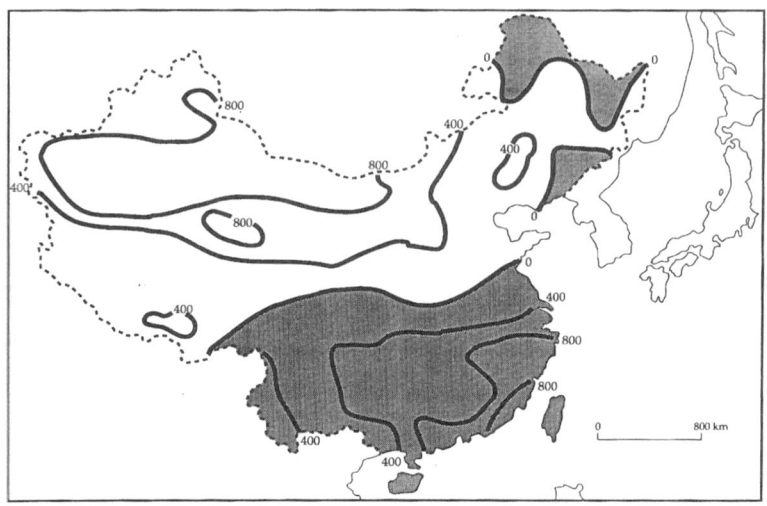

Abb. 1: Wasserverfügbarkeit in der VR China (LEEMING, 1993)

Abbildung 1 zeigt die Wasserverfügbarkeit, ausgedrückt in Millimetern. Der Niederschlag ist gegen die potentielle Evapo-Transpiration gesetzt, sodass eine größere Aussagekraft erreicht wird, als bei einer reinen Betrachtung der Niederschlagswerte. In den dunklen Flächen ist der Überschuss markiert, und es lässt sich leicht erkennen, dass etwa 3/5 Chinas in Bereichen mit Wasserdefizit liegt (LEEMING, 1993).

Vergleicht man nun diese Karte mit Karten der Bevölkerungsverteilung und Agrarnutzung (Abb. 2 & 3 auf der nachfolgenden Seite), so wird schnell klar, dass die Ressource „Wasser" von enormer Bedeutung ist. Gerade im Osten und Nordosten des Landes liegen die großen Städte, die nicht nur sich selbst mit Trinkwasser, sondern auch das Umland mit Wasser für die Landwirtschaft versorgen müssen, um die Bevölkerung zu ernähren. Der intensivste Wasserverbrauch erfolgt also ausgerechnet dort, wo die natürliche Versorgung ohnehin kritisch ist.

Auch der vermeintliche Überfluss an Wasser in Südchina bedeutet keine Versorgungs-sicherheit. Durch Umweltverschmutzung in Folge der raschen Industrialisierung gibt es hier ebenso einen Mangel an Trinkwasser. So kippte beispielsweise im Mai 2007 der Tai-See, der drittgrößte Binnensee Chinas, um. Eine der wichtigsten Trinkwasserquellen für die Region um die Metropolen Shanghai und Nanjing war somit nicht mehr nutzbar. Zuvor hatte der Umweltaktivist Wu Lihong ermittelt, dass mehr als 3.000 Betriebe ihre Industrieabwässer in den See leiten (KLEINING, 2008).

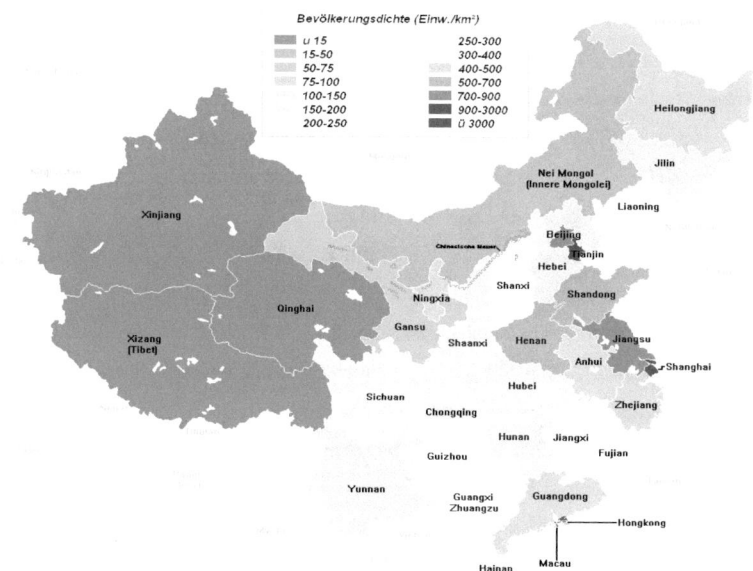

Abb. 2: Bevölkerungsverteilung in China (HUBER, 2009)

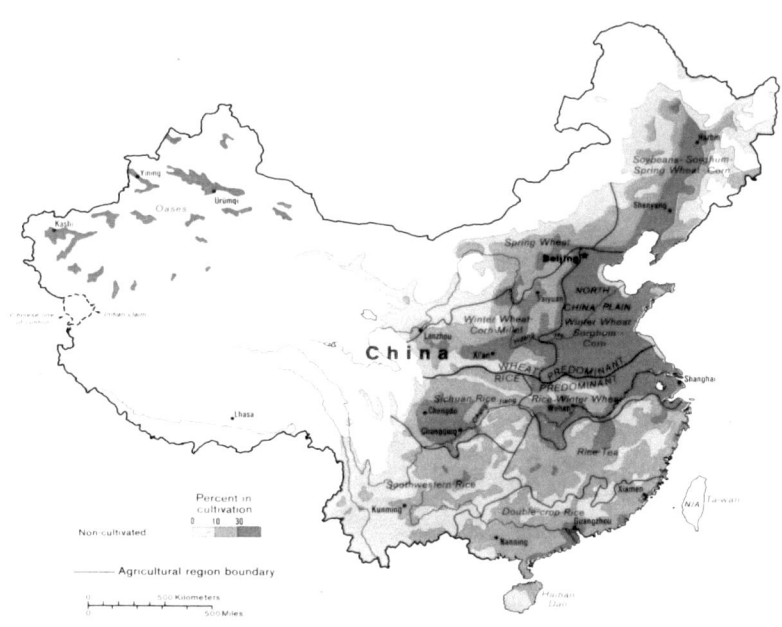

Abb. 3: Landwirtschaftliche Nutzung (HUBER, 2009)

5

Alarmierend klingen auch andere Zahlen: So sollen etwa ¾ aller Flüsse in China verschmutzt sein, und allein der Jangtse muss 41% sämtlicher Abwässer Chinas aufnehmen. 440 von 600 chinesischen Städten leiden nach Schätzungen unter Versorgungsengpässen und ca. 700 Mio. Menschen trinken täglich kontaminiertes Wasser. Dementsprechend gibt es auch eine Warnung der Weltbank, dass es im Jahr 2020 allein aufgrund von Wassermangel 30 Mio. Umweltflüchtlinge geben könnte (KLEINING, 2008).

Dabei hat China paradoxerweise eine der fortschrittlichsten Umweltschutzgesetzgebungen der Welt, mit strengen Auflagen im Bereich des Wasserschutzes. Die Probleme ergeben sich jedoch in der Umsetzung, welche durch „Misswirtschaft und Korruption" (KLEINING, 2008) sowie durch personell schwach besetzte Umweltbehörden nur mangelhaft erfolgt. Weitere Maßnahme der Regierung sind die Bereitstellung von „rund 140 Milliarden Euro unter anderem für den Bau von 1000 neuen Wiederaufbereitungsanlagen" (KLEINING, 2008). Jedoch müssten bereits „mit den bislang konstruierten Anlagen [...] über 50 Prozent der Abwässer [...] aufbereitet werden können" (KLEINING, 2008), aber momentan arbeitet nur die Hälfte dieser Anlagen und „aufgrund von Planungsfehlern und Missmanagement [...] mit einer Kapazität von gerade einmal 30 Prozent" (KLEINING, 2008).

Hinzu kommen in China die Folgen des Klimawandels: So sind die Temperaturen in den letzten 50 Jahren stärker als auf der übrigen Nordhalbkugel gestiegen (0,22°C pro Jahrzehnt). Vermutlich werden sich die bereits bestehenden räumlichen Disparitäten durch den Klimawandel weiter verstärken, was eine Ausweitung der Dürregebiete, vermehrte Sandstürme, Zunahme der Verdunstung aus Flüssen, aber auch die Zunahme der Regenmenge und Häufigkeit von Taifunen im Süden bedeuten würde. Desweiteren bedeutet der Temperaturanstieg auch eine Bedrohung für die (neben Nord- und Südpol) größten Süßwasserspeicher der Erde: Die Gletscher im tibetanischen Hochplateau schmelzen besonders rasch ab (KLEINING, 2008).

2.2 Der Jangtse

Der bereits erwähnte Fluss Jangtse kann sicherlich als der bedeutendste Fluss Chinas im Hinblick auf die Wasserversorgung angesehen werden. In Abbildung 4 auf der nächsten Seite ist graphisch die Menge der Wasserführung eingezeichnet. „Nach Länge und Wasserführung ist [er] der drittgrößte Fluss der Erde" (SAUER, 1999). Ein großes Problem im Zusammenhang mit dem Jangtse hat mit dem Siedlungsdruck zu tun. Durch die Notwendigkeit, immer mehr Menschen zu versorgen, wurden in der Vergangenheit Felder und Siedlungen in direkter Nähe zum Fluss angelegt. Hierdurch fehlen die natürlichen Rückhalteflächen, und so kommt es bei Hochwasserereignissen gerade in diesen Gegenden zu Katastrophen, da auch von Seiten der Regierung eher „Bauernopfer" in Kauf genommen werden, als dass die Großstädte in den Fluten versinken. Beim Jangste-Hochwasser von 1998 kann ausnahmsweise einmal nicht der Mensch als Ursache angesehen werden, denn es war „keine Rache der Natur [...] sondern eine Folge besonders extremer Monsunregen" (SAUER, 1999).

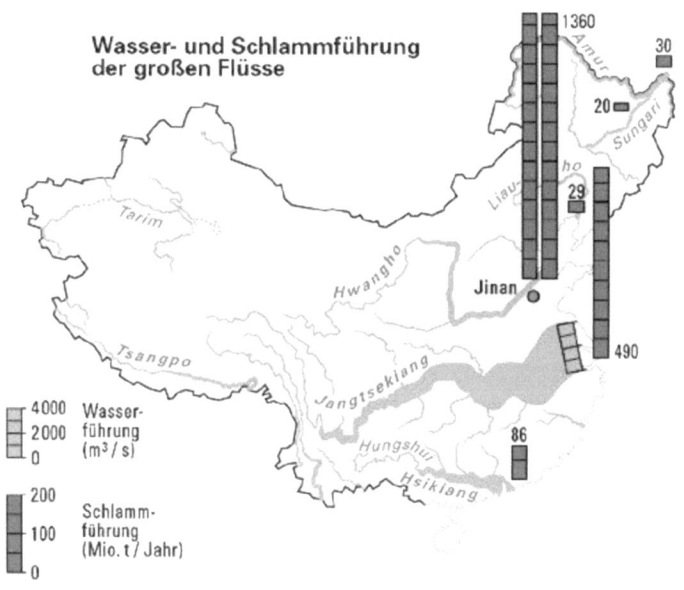

Abb. 4: Wasser- und Schlammführung der Flüsse in China (HUBER, 2009)

Zwar wurde durch die Medien die Entwaldung als Ursache angeführt, doch dies lässt sich wissenschaftlich nicht belegen: „Ein naturbelassener Wald [kann] bis zu 300 m³ Wasser pro Hektar absorbieren. [...] Das entspricht einem Niederschlag von 30 mm. Während des Monsuns sind aber 40-140 mm an einem Tag gefallen. Schon nach einem Tag ist also selbst der dichteste Wald vollgesogen wie ein Schwamm, von dem jeder weitere Regen ungehindert abläuft" (SAUER, 1999). Die Schutzwirkung von Wäldern gegen Erosion ist hingegen unbestritten. Stärkere Erosion bzw. Denudation führt zu mehr Sedimentfracht, was wiederum eine Erhöhung des Flussbettes zur Folge hat und somit die Hochwassergefahr vergrößert.

Messungen des Sedimentgehaltes seit den 50er Jahren zeigen jedoch keine Zunahme (SAUER, 1999).

Die regelmäßigen Überschwemmungen bringen zwar auch wertvolle Nährstoffe auf die Ackerflächen, doch die Bedrohung für die in dieser Gegend lebenden Bauern ist natürlich zu groß, sodass verschiedene Lösungsstrategien zum Einsatz kamen: Es wurden zusätzliche Flutungsflächen geschaffen, und hochwasserfeste Siedlungen (Einschluss der Siedlung in eigene Deiche; Häuser auf Plattformen bzw. stabile Betonbauten) errichtet. Einen langfristigen Sicherheitsgewinn soll aber der fertig gestellte Drei-Schluchten-Damm bringen. Bei einer Leerung des Stausees (bis zur Hälfte) vor der Monsunzeit, verfügt er über eine ausgleichende Speicherkapazität von 22 Mrd. m³. Jedoch bleibt diese Kapazität aufgrund von Verschlammung (vgl. Abb. 4) langfristig fragwürdig und steht ferner im Konflikt mit dem Nutzungskonzept der Energiegewinnung. Eine Nennleistung, welche der von 18 Kernkraftwerken entspricht, ist nämlich nur dann erreichbar, wenn der See voll aufgestaut ist (SAUER, 1999).

2.3   Peking und die Olympischen Spiele

Im Vorfeld der Olympischen Sommerspiele 2008 versprachen die Organisatoren „Grüne Spiele". Unter den gegebenen Rahmenbedingungen muss dies als fast unmögliche Leistung angesehen werden. In Peking leben 16,3 Mio. Einwohner, und durch einen Rückgang des Niederschlages in den letzten 10 Jahren um 28 % steht jedem Pekinger nur „ein Dreißigstel des im weltweiten Durchschnitt vorhandenen Wassers pro Kopf" (KLEINING, 2008) zur Verfügung. Hinzu kommt der enorme Mehrbedarf aufgrund des Sportereignisses: Die Flutung eines ausge-trockneten Fluss-Bettes für einen Kanuwettbewerb, Pflanzung von mehreren Millionen Bäumen und Anlage von riesigen Grünflächen, die unter den natürlichen klimatischen Bedingungen nicht überlebensfähig wären, sind nur einige Beispiele (KLEINING, 2008).

In den 90er Jahren war die Versorgung Pekings noch durch einen einzigen Stausee möglich. Inzwischen ist dieser jedoch auf Tiefstand und der zweitgrößte See der Umgebung wegen starker Verschmutzung nicht nutzbar. 2/3 des Wasserbedarfs werden folglich aus dem Grundwasser entnommen, wodurch der Grundwasserspiegel unaufhaltsam sinkt und selbst durch tiefste Bohrungen teilweise nicht mehr erreicht wird (KLEINING, 2008).

Leider werden die Wasserpreise künstlich niedrig gehalten, wodurch es keinen Anreiz zum Wassersparen gibt und auch keine privaten Unternehmen Interesse haben, sich an der Beschaffung von Trinkwasser zu beteiligen, da es schlichtweg keine Gewinnaussichten gibt. Stattdessen werden jedoch vermehrt Klärwerke gebaut, wodurch kommunale Abwässer beispielsweise in Springbrunnen der Stadt wieder eingesetzt werden können. Neben Versuchen zur künstlichen Regenerzeugung (Impfung von Wolken mit Trockeneis um diese über der Stadt zum Regnen zu bringen) setzt die Regierung auf Großprojekte (KLEINING, 2008): Im sog. „South-to-North Water Transfer Project" wird Chinas Hauptstadt in mehreren Schritten u.a. mit einem über 1000 Kilometer langen Kanal an den Jangtse angeschlossen (WEINER, 2005). Die ökologischen Auswirkungen bei diesem Großprojekt, welches auf einen Plan von Mao Zedong zurückgeht, werden gravierender als die des Drei-Schluchten-Staudammes eingeschätzt (KLEINING, 2008).

3   Fazit

Durch eine Unterbrechung der langjährigen Trockenperiode im Jahr 2008 (Niederschlagswert 40% über dem Durchschnitt (KLEINING, 2008)) kam Peking bei den Olympischen Spielen glimpflich davon. Dies kann jedoch nicht über die tatsächliche Lage hinweg täuschen.

Die Chinesische Wasserkrise ist ein ernstes Hindernis für das weitere wirtschaftliche Wachstum Chinas, wobei Peking lediglich den repräsentativen Höhepunkt der Wasser-knappheit in China darstellt.

Da fast die Hälfte der Weltbevölkerung im Einzugsgebiet von Flüssen lebt, deren Quellen auf dem tibetanischen Hochplateau entspringen, handelt es sich durchaus um ein grenzüber-schreitendes Problem, welches sich mit dem Wachstum nicht nur der chinesischen Bevölkerung in Zukunft sicher weiter verschärfen wird.

Literatur:

HUBER, V. (2009): Landkarten von China. http://weltkarte.com/asien/landkarten_china.htm. Rüschlikon. letzter Zugriff: 05.08.2009.

KLEINING, J. (2008): Chinas Kampf um Wasser. In: Länderprogramm Volksrepublik China – Länderbericht. Konrad-Adenauer-Stiftung e.V. www.kas.de (11.08.2008).

LEEMING, F. (1993): The changing geography of China. Oxford: Blackwell Publishers.

SAUER, H. D. (1999): Das Jangtse-Hochwasser 1998: Ausmaße, Ursachen, Folgen. In: SCHROEDEL DIESTERWEG SCHÖNINGH WINKLERS GmbH (Hrsg.) (1999): Geographische Rundschau (GR 51 H. 6). Braunschweig: Westermann.

WEINER, M. (2005): Wassermanagement für eine Megastadt. In: FRAUNHOFER GESELLSCHAFT (Hrsg.) (2005): Fraunhofer Magazin 3.2005. München: Fraunhofer-Gesellschaft.